Jens Schütz

Selbstgesteuertes Lernen: Ein Unterrichtsbeispiel im Mathematikunterricht

GRIN Verlag

Bibliografische Information der Deutschen Nationalbibliothek:

Die Deutsche Bibliothek verzeichnet diese Publikation in der Deutschen National-
bibliografie; detaillierte bibliografische Daten sind im Internet über http://dnb.d-
nb.de/ abrufbar.

Impressum:

Copyright © 2004 GRIN Verlag GmbH
Druck und Bindung: Books on Demand GmbH, Norderstedt Germany
ISBN: 978-3-638-65035-9

Dieses Buch bei GRIN:

http://www.grin.com/de/e-book/34085/selbstgesteuertes-lernen-ein-unterrichtsbei-
spiel-im-mathematikunterricht

GRIN - Your knowledge has value

Der GRIN Verlag publiziert seit 1998 wissenschaftliche Arbeiten von Studenten, Hochschullehrern und anderen Akademikern als eBook und gedrucktes Buch. Die Verlagswebsite www.grin.com ist die ideale Plattform zur Veröffentlichung von Hausarbeiten, Abschlussarbeiten, wissenschaftlichen Aufsätzen, Dissertationen und Fachbüchern.

Besuchen Sie uns im Internet:

http://www.grin.com/

http://www.facebook.com/grincom

http://www.twitter.com/grin_com

Universität Potsdam
Seminar: „Selbstgesteuertes Lernen bei Schülern"

Hauptseminarsarbeit zum Thema: Selbstgesteuertes Lernen

Ein Unterrichtsbeispiel im Mathematikunterricht

Jens Schütz

...

...

Studienfächer: Mathematik / Informatik
(Lehramt für Gymnasium, 9.Semester)

Inhaltsverzeichnis

1. Einleitung

Oft schaut man auf die eigene Schulzeit zurück und findet dort positive aber auch negative Dinge. So ärgert man sich zum Beispiel über den Lehrer, der langweilig unterrichtet hat und man deshalb kein Interesse am Unterrichtsstoff hatte, oder man erinnert sich wiederum an Unterrichtsfächer, die Spaß gemacht haben. Im Laufe meines Studiums sind mir viele solcher Gedanken gekommen. Ein wesentlicher Gedanke, vor allem zu Beginn meines Studiums, war der des selbständigen Lernens. Mir ist aufgefallen, dass ich kaum Strategien und Methoden kannte, um mir bestimmte Studieninhalte anzueignen. Das Seminar „Selbstgesteuertes Lernen", innerhalb meiner Lehrerausbildung, füllte diese Lücke. Ein weiterer Grund, sich mit dem Thema „selbstgesteuertes Lernen" zu beschäftigen sind die sich schnell verändernden beruflichen Qualifikationsanforderungen, die Selbständigkeit und lebenslanges Lernen beinhalten. Wenn den Schülern schon in der Schule vermittelt wird, wie sie selbständiger Lernen und welche Strategien sie dabei anwenden können, erleichtert es ihnen das zukünftige Lernen sowohl motivational, als auch prozessual.

Selbst im Rahmenplan Mathematik der Sekundarstufe I des Landes Brandenburg wird unter anderem die Fähigkeit zum selbständigen Lernen in der Persönlichkeitsbildung mit eingeschlossen und ist somit ein wichtiger Bestandteil in der Unterrichtsplanung. Weiterhin sollen dem Schüler Sach-, Methoden-, Sozial- und personale Kompetenz vermittelt werden. So können zum Beispiel fachunabhängig: Lesefähigkeit, Aneignen, Verarbeiten und Präsentieren von Informationen/Erfahrungen, Organisation des eigenen Lernens, Arbeitens, Übens, Leistens und Gesprächsführung und Kommunikation zur Methodenkompetenz beitragen (MBJS Land Brandenburg, 2002, S.9-10). Vor allem in den Praktika, die ich innerhalb meines Studiums zu absolvieren hatte, suchte ich vergeblich nach Unterrichtsmethoden der Lehrer, die den Schülern diese Kompetenzen vermittelten. Das Seminar „Selbstgesteuertes Lernen" zeigte mir wie Strategien, die den Lernerfolg verbessern können, in den Unterricht sinnvoll zu integrieren sind, wobei deren Erfolg durch viele empirische Untersuchungen bestätigt wurde. Unsere Seminaraufgabe war es, ein Unterrichtskonzept innerhalb eines selbst gewählten Unterrichtsfaches vorzustellen, in dem den Schülern Strategien zum „Selbstgesteuerten Lernen" vermittelt werden soll. Dieses Konzept, bei dem noch drei weitere Kommilitonen mitgewirkt haben, werde ich in dieser Hauptseminarsarbeit vorstellen. Es soll die Möglichkeit aufzeigen, dass man den laufenden Unterrichtsstoff einer 7./8. Klasse mit der Vermittlung von Lernstrategien verbinden kann.

Als erstes erfolgt ein Versuch der Begriffsbestimmung des Selbstgesteuerten Lernens, gefolgt von der Begriffsbestimmung der Lernstrategie und den verwendeten Lernstrategien. Damit sind die Vorraussetzungen geschaffen, um unser Unterrichtskonzept im Fach Mathematik mit dem Thema „Umgang mit Körpern" vorzustellen. Zuvor werde ich einen Überblick und die Rahmenbedingungen für die Unterrichtseinheiten erläutern. Nachdem ich das Unterrichtskonzept näher beschrieben habe, werden im Fazit mögliche Probleme und eine Gesamteinschätzung des Unterrichtskonzeptes diskutiert.

2. Zum Begriff des Selbstgesteuerten Lernens

Bei meiner Recherche nach einer Definition für das Selbstgesteuerte Lernen ist mir aufgefallen, dass in der Literatur unterschiedliche Definitionen und Auffassungen für den Begriff „Selbstgesteuertes Lernen" existieren. Eine einheitliche Definition gibt es nicht. So beschreibt Weinert treffend, dass „...zwar alle vom gleichen zu reden glauben, jeder aber etwas anderes darunter versteht" (Weinert 1982, S.99). Die unterschiedlichen Positionen sind „...Hinweise auf verschiedene Phänomene, Theorien und/oder Ideologien, die lediglich mit dem gleichen Wort bezeichnet werden" (Weinert 1982, S.102). Auch Deitering bemerkt ähnliches, findet aber Gemeinsamkeiten in den unterschiedlichen Ansätzen: „Der lernende Mensch steht im Mittelpunkt; er ist Initiator und Organisator seines eigenen Lernprozesses. Die Zielvorstellungen der Förderung von Selbstbestimmung, Selbsttätigkeit und Selbstverantwortung im Lernprozess ist in vielen Ansätzen zu finden" (Deitering 1995, S. 11). Deitering hält sich an die Umschreibung des Begriffes von Neber: „Selbstgesteuertes Lernen ist eine Idealvorstellung, die verstärkte Selbstbestimmung hinsichtlich der Lernziele, der Zeit, des Ortes, der Lerninhalte, der Lernmethoden und Lernpartner sowie vermehrter Selbstbewertung des Lernerfolgs beinhaltet" (Neber 1978, S.22).

Die folgenden ausgewählten Definitionen für selbstgesteuertes Lernen spiegeln die Vielfalt der unterschiedlichen Definitionen für selbstgesteuertes Lernen wieder.

Schiefele und Pekrum schlagen folgende Definition für selbstreguliertes Lernen vor: „Selbstreguliertes Lernen ist eine Form des Lernens, bei der die Person in Abhängigkeit von der Art ihrer Lernmotivation selbstbestimmt eine oder mehrere Selbststeuerungsmaßnahmen (kognitiver, metakognitiver, volitionaler oder verhaltensmäßiger Art) ergreift und den Fortgang des Lernprozesses selbst überwacht" (Schiefele, Pekrum 1996, S.258).

Weinert definiert selbstgesteuertes Lernen als eine Lernform, bei der „ ... der Handelnde die wesentlichen Entscheidungen, ob, was, wann und worauf er lernt, gravierend und folgenreich beeinflussen kann" (Weinert 1982, S.102).

Für Knowles ist selbstgesteuertes Lernen ein Prozess, bei dem „… der Lerner – mit oder ohne Hilfe anderer – initiativ wird, um seine Lernbedürfnisse festzustellen, seine Lernziele zu formulieren, menschliche und dingliche Ressourcen für das Lernen zu identifizieren, angemessene Lernstrategien zu wählen und zu realisieren und um die Lernergebnisse zu evaluieren" (Knowles 1980, S.18; übersetzt durch den Autor).

In „Dorsch psychologisches Wörterbuch" findet man folgende Definition: „… beim selbstgesteuerten Lernen bestimmt das Individuum sein Handeln eigenständig unter Verzicht auf Fremdsteuerung" (Häcker 1998, S. 776).

Die unterschiedlichen Bezeichnungen, die unter den Begriff selbstgesteuertes Lernen fallen, zeigt Schreiber, indem sie eine auszugsweise Auflistung der synonym verwendeten Begriffe im deutschen, sowie im englischen gibt, z.B.:

- Selbstgesteuertes Lernen,
- Autonomes Lernen,
- Selbstbestimmtes Lernen
- Selbstorganisiertes Lernen,
- Autodidaktisches Lernen
- Lernprojekte und
- Selbststudium,

- autodidaxy,
- self – directed learning,
- independent study,
- self – regulated learning,
- self planned learning,
- self – guided learning und
- learner control.

(Schreiber 1998, S. 9).

Kemper findet unter den synonym verwendeten Begriffen in der wissenschaftlichen Fachdiskussion zwei grundlegende Auffassungen: „Zum einen die, die den Begriff des selbstgesteuerten Lernens mit dem des Selbstlernens verbindet, das in einem nicht organisierten oder locker organisierten Rahmen stattfindet. In diesem Verständnis ist selbstgesteuertes Lernen ein nicht geplanter Vorgang, ein offener Prozess, der offene Strukturen der Informationspräsentation im Sinne einer

„Lernlandschaft" unterbreitet. Zum anderen Auffassungen, in denen selbstgesteuertes Lernen als ein intentionaler, zielorientierter aktiver Prozess verstanden wird. Hier wird immer davon ausgegangen, dass Lernen immer Anteile selbstgesteuerten und fremdgesteuerten Lernens enthält, [...]" (Kemper 1998, S.20-21).

Weinert stellt für die Verwendung des Begriffes „selbstgesteuertes Lernen" einen Kriterienkatalog auf, mit deren Hilfe eine Einordnung der unterschiedlichen Begriffe leichter fällt.

- In der Lernsituation müssen Spielräume für die selbständige Festlegung von Lernzielen, Lernzeiten und Lernmethoden vorhanden oder erschließbar sein.

- Der Lernende muss diese Spielräume wahrnehmen und tatsächlich folgenreiche Entscheidungen über das eigene Lernen treffen und diese wenigstens zum Teil im Lernhandeln realisieren (ohne dass er sich dessen stets bewusst sein muss!).

- Dabei übernimmt der Lernende (vor allem bei auftretenden Schwierigkeiten) zugleich die Rolle des sich selbst Lehrenden (Selbstinstruktion: den Lernvorgang planen, notwendige Informationen beschaffen, geeignete Methoden auswählen, den eigenen Lernfortschritt kritisch überprüfen usw.).

- Die lernrelevanten Entscheidungen müssen zumindest teilweise auch subjektiv als persönliche Verursachung der Lernaktivitäten und der Lernergebnisse erlebt werden und somit im Ansatz Selbstverantwortlichkeit für das eigene Lernen einschließen.

(Weinert 1982, S. 102-103).

3. Zum Begriff der Lernstrategie

In den obigen Definitionen wird sowohl von Lernmethoden als auch von Lernstrategien gesprochen. Da beide Begriffe das Gleiche bedeuten, möchte ich mich in meiner Arbeit auf den Begriff Lernstrategie festlegen. Dabei stütze ich mich, wie auch Baumert (vgl. Baumert 1993, S.328-329), auf die Definition von Mandl und Friedrich, die zuerst den Begriff Strategie definieren und von ihm auf die Definition für Lernstrategie schließen. „Eine Strategie ist eine Sequenz von Handlungen, mit der ein bestimmtes Ziel erreicht werden soll. Lernstrategien sind demnach Handlungssequenzen zur Erreichung eines Lernziels" (Friedrich; Mandl 1992, S.6).

In Dorsch Psychologisches Wörterbuch ist folgende Definition zu finden: „... vom Versuchsleiter meistens nicht kontrollierte Anwendung bestimmter Methoden des Einübens ... durch den Lernenden" (Häcker 1998, S.500).

Ballstaedt, Mandl, Schnotz & Tergan differenzieren zwischen strategischen und taktischen Plänen auf den Bereich des menschlichen Lernens: „Unter Lernstrategien werden zielgerichtete Aktivitäten verstanden, die intentional dazu eingesetzt werden, Prozesse des Verstehens, Einprägens, Behaltens und Erinnerns zu verbessern. ... Taktiken sind elementare kognitive Prozesse in einer problemadäquaten Sequenz. Strategien betreffen die Auswahl spezifischer Taktiken für die jeweiligen Anforderungen einer Lernaufgabe, sie erlauben also die flexible oder „intelligente" Verwendung von kognitiven Operationen. Strategien überwachen, bewerten und regulieren Einsatz, Verlauf und Erfolg von Taktiken" (Ballstaedt et al. 1981).

An diesen Beispielen für die Definition von Lernstrategie kann man erkennen, dass auch bei diesem Begriff kein einheitliches wissenschaftliches Konstrukt verwendet wird. Somit findet man für den Begriff, je nach verwendeter Literatur viele unterschiedliche Bedeutungsvarianten. Wobei meiner Ansicht nach als Gemeinsamkeit die zielgerichtete Handlung eines Lernenden gesehen werden kann.

4. Zu den verwendeten Lernstrategien

Bevor die verwendeten Lernstrategien näher beschrieben werden sollen, füge ich an dieser Stelle eine Klassifikation von Lernstrategien ein. Diese Klassifikation ist nach Möller und Köller die häufig verwendete Klassifikation von Lernstrategien. Sie soll einen Überblick über die wichtigsten Strategieinventare geben. Berücksichtigt sind dabei nur die deduktiven Verfahren, die aus kognitionspsychologischen Modellen und erwartungswert-theoretischen Ansätzen der Motivationsforschung abgeleitet wurden.

Inventare/ Strategien	KSI[1]	LIST[2]	MSLQ[3]	LASSI[4]
Kognitive Strategien	Memorieren	Wiederholen	Rehearsal	
	Elaboration - Konstruktion - Integration - Übertragung Transformation	Verbindungen herstellen Kritisches Denken	Elaboration Critical Thinking	Selecting the Main Idea Information Processing
		Hauptgedanken identifizieren Strukturieren	Organization	Organizing Study aids
Metakognitive Strategien	Planung, Überwachung, Regulation	Metakognitive Strategien	Metacognitive Self-Regulation	Self-Testing
Ressourcen-management	Zeitmanagement	Interne Ressourcen - Anstrengung - Aufmerksamkeit - Zeit	Effort Management Time Management	Concentration Scheduling
		Externe Ressourcen - Studienumge- bung - Zusammenarbeit - Personale Hilfe - Sachliche Hilfe	Study Environment Peer Learning Help Seeking	

[1] *Kieler Lernstrategien-Inventar* (Baumert, Heyn & Köller, 1992)
[2] *Inventar zur Erfassung von Lernstrategien im Studium* (Wild & Schiefele, 1994)
[3] *Motivated Strategies for Learning Questionnaire* (Pintrich et al., 1991; vgl. auch Nenniger, 1992)
[4] *Learning and Study Strategies Inventory* (Weinstein, 1987, 1988)

(In: Möller, Köller 1996, S.138)

Bei dieser Klassifikation kann man erkennen, dass zwischen drei Strategien, den Kognitiven Strategien, Metakognitiven Strategien und dem Ressourcenmanagement unterschieden wird, die den vier Inventaren: KSI, LIST, MSLQ und LASSI zugrunde liegen.

Die im nachfolgenden Unterrichtsentwurf verwendeten Strategien fallen in dieser Klassifikation unter die Kognitiven Strategien. Dabei stützt sich der Entwurf auf das Kieler Lernstrategien-Inventar (Baumert, Heyn & Köller, 1992), welches eine Übersetzung des „Motivated Strategies for Learning Questionnaire's" (MSLQ) ist. Zu den verwendeten kognitiven Strategien zählen Memorier-, Elaborations- und Transformationsstrategien. Diese Strategien eignen sich unserer Meinung nach am besten für die Einführung des von uns verwendeten Unterrichtsthemas im Fach Mathematik.

4.1 Kognitive Strategien

Wie oben bereits erwähnt zählen zu den Kognitiven Strategien die Memorierstrategie, Elaborationsstrategie und die Transformationsstrategie. Diese sollen im Folgenden ausführlicher beschrieben werden. Sie dienen dazu, bestimmte Inhalte zu verstehen und zu behalten.

4.1.1 Memorierstrategien

Memorierstrategien dienen dazu, neu Gelerntes im Arbeitsspeicher zu halten und die Übernahme von Informationen in das Langzeitgedächtnis zu unterstützen (vgl. Baumert, Köller 1996, S.139). Denn Untersuchungen haben gezeigt, „…dass neue Information sehr schnell wieder aus dem Arbeitsspeicher verdrängt wird, wenn sie nicht aktiv memoriert wird" (Friedrich, Mandl 1992, S.11). Memorierstrategien umfassen „...all jene Aktivitäten, mit denen neuer Lernstoff in irgendeiner Form wiederholt wird. Sie sind insbesondere in der Selektions- und Erwerbsphase von Bedeutung" (Schiefele, Pekrum 1996, S.261). Beispiele für Memorierstrategien sind das Einprägen von Texten durch wiederholtes lautes Vorlesen oder das Auswendiglernen von Schlüsselbegriffen, die mit wichtigen Inhalten verbunden sind (z.b.: Auswendiglernen von Formeln). Untersuchungen bei Brown, Bransford, Ferrara & Campione, 1983, haben gezeigt, dass der Einsatz von Memorierstrategien im zunehmenden Alter auch die Gedächtnisleistung erhöht.

4.1.2 Elaborationsstrategie

Die Elaborationsstrategie ist die zweite Untergruppe der Kognitiven Strategien. Elaborare bedeutet im Lateinischen soviel wie „(sorgfältig) ausarbeiten". So bestimmt diese Strategie das sinnkonstituierte Vorgehen. Elaborationsstrategien dienen dazu, den neu zu lernenden Stoff „...mit bereits gespeichertem Wissen möglichst sinnvoll und dicht zu vernetzen" (Baumert, Köller 1996, S.139). Diese sinnvolle Vernetzung neuen Wissens wird in vielen Büchern auch als Integration bezeichnet. Sinnstrukturen aus dem neu zu lernenden Stoff herauszuarbeiten, was auch zu den Elaborationsstrategien gehört, z.B.: die Wiedergabe des neuen Stoffes mit eigenen Worten, wird als Konstruktion bezeichnet. Die Übertragung des neu Gelernten auf andere Kontexte wird bei Baumert, Köller als Transfer bezeichnet (vgl. Baumert, Köller 1996, S.139).

Friedrich und Mandl sehen den Vorteil der Elaborationsstrategien darin, dass sie „...die Integration neuen Wissens in eine bestehende Wissensstruktur erleichtern, indem sie helfen Assoziationen zwischen beiden zu stiften" (Friedrich, Mandl 1997, S.250). Beispiele für eine Elaborationsstrategie sind sich überlegen, wie neues Wissen mit dem eigenen Vorwissen zusammenhängt, sich Beispiele zu einem Sachverhalt ausdenken, usw..

Durch diese Assoziation und durch die Vernetzung schon vorhandenen Wissens wird das Verständnis für den Sachverhalt und die Behaltensleistung des neuen Wissens verbessert, da „…bei der Suche im Gedächtnis viele verschiedene Pfade zu der erinnernden Information führen" (Friedrich, Mandl 1997 S.250).

<u>4.1.3 Transformationsstrategie</u>

Das Kieler Lernstrategien-Inventar beinhaltet in der dritten Untergruppe der Kognitiven Strategien die Transformationsstrategie. Wie oben bereits erwähnt ist das Kieler Lernstrategien-Inventar eine Übersetzung von MSLQ (Motivated Strategies for Learning Questionnaire's). Bei MSLQ findet man als dritte Untergruppe die Organization-strategy. In vielen Büchern wird deshalb die Transformationsstrategie auch als Organisationsstrategie bezeichnet. Friedrich und Mandl bezeichnen diese Strategie auch als informationsreduzierende Strategie, da sie „… Detailinformationen zu größeren Sinneinheiten zusammenfasst und gruppiert und damit kognitiv leichter handhabbar macht" (Friedrich, Mandl 1992, S. 12-13). Der Grund für eine Zusammenfassung oder Gruppierung ist die beschränkte Kapazität unseres Arbeitsspeichers zur Verarbeitung komplexer Informationen. Die Zusammenfassung oder Gruppierung kann in Form von Anfertigungen von Diagrammen, das Kategorisieren von verschiedenen Gegenständen nach ihren Merkmalen oder das Zusammenfassen von Texten stattfinden.

Im Weiteren werden die in der oben genannten Klassifikation zu findenden Metakognitiven Strategien und das Ressourcenmanagement kurz erläutert.

4.2 Metakognitive Strategien

Zu den Metakognitiven Strategien zählt die Planung, Überwachung und die Regulation des Lernprozesses. In unserem Unterrichtsentwurf übernimmt der Lehrer zunächst die Planung, Überwachung und die Regulation des Lernprozesses der Schüler, denn im Vordergrund stehen die Vermittlung und die Erprobung der Kognitiven Strategien. Denn nach Schiefele und Pekrum bezieht sich der Begriff der Metakognition „... auf das Wissen, das eine Person über ihre Fähigkeiten, über Merkmale von Aufgaben und über Strategien hat, die ihre kognitiven Leistungen beeinflussen können" (Schiefele, Pekrum 1996, S. 262). Das Wissen über diese Strategien muss daher zuerst vermittelt werden.

Durch das Setzen von Lernzielen und die Formulierung von Kontrollfragen wird die Lernsequenz geplant, dadurch wird das weitere Vorgehen festgelegt. Die Überwachungstechniken erlauben die Kontrolle des eigentlichen Lernvorganges. Hierzu zählt zum Beispiel die wiederholte bewusste Überprüfung, ob das Gelesene verstanden wurde. Eng verbunden mit der Überwachung ist die Regulation des Lernprozesses. Hierbei wird die Lerntätigkeit den Aufgabenanforderungen angepasst. Ein passendes Beispiel wäre: man hat einen Text gelesen, ihn aber nicht verstanden. Eine Regulation wäre das herabsetzen der Lesegeschwindigkeit oder das mehrmalige Lesen des Textes um ihn zu verstehen.

Friedrich und Mandl sind der Meinung, dass Metakognitive Strategien „... zumeist vor- oder unbewusst ablaufen. Sie treten erst ins Bewusstsein, wenn es während des Lernens zu Problemen kommt" (Friedrich Mandl, 1997, S. 251).

Der Einsatz von Metakognitiven Strategien ist aufgabenabhängig. Sieht jemand noch keine Lösungsmöglichkeit für eine Aufgabe, dann ist die effektive Informationsverarbeitung nicht gewährleistet.

4.3 Ressourcenmanagement

Mit Ressourcen sind sowohl die persönlich bezogenen Ressourcen, als auch die umweltbezogenen Ressourcen gemeint. Umweltbezogene Ressourcen sind zum Beispiel das Gestalten der Lernumgebung, das gemeinsame Lernen mit anderen Schülern oder die Problemlösung mittels Verwendung zusätzlicher Literatur. Personenbezogene Ressourcen sind zum Beispiel die Investition hoher Anstrengung und die effektive Zeitplanung. Knowles, Zimmerman und Martinez-Pons verstehen unter Ressourcenstrategien Strategien, mit deren Hilfe Lernende externe materiale und soziale Ressourcen für ihr Lernen erschließen und nutzen (vgl. Knowles 1980; Zimmerman, Martinez-Pons 1990).

Diese Art der Strategien ermöglicht oder begünstigt den Einsatz von kognitiven und metakognitiven Strategien, indem sie Ressourcen bereitstellen und somit den Lernprozess indirekt beeinflussen. Durch diese indirekte Beeinflussung kann man die ressourcenbezogenen Strategien nicht eindeutig von den kognitiven und metakognitiven Strategien trennen (vgl. Schiefele, Pekrum 1996, S. 263).

Zeit als Ressource spielt zwar auch eine wichtige Rolle, aber die uneinheitlichen Befunde von Untersuchungen bezüglich des Zeitmanagement haben gezeigt, dass „...die Lernzeit als Oberflächenvariable nicht der entscheidende Faktor ist, sondern dass es vielmehr auf die Qualität der in dieser Zeit realisierten Informationsverarbeitungsprozesse ankommt" (Friedrich, Mandl 1997, S. 252).

Strategien des Ressourcenmanagements werden auch als Stützstrategien bezeichnet (vgl. Baumert 1993, S. 139).

Auf die direkte Vermittlung von Ressourcenmanagement im Unterrichtsentwurf wird weitestgehend verzichtet. Durch den Einsatz von Fragebögen und die Vermittlung der Strategien durch den Lehrer wird, auf Grund der im Vordergrund stehenden Vermittlung der Kognitiven Strategien, auf das Ressourcenmanagement hingewiesen. Trotzdem werden einige Komponenten des Ressourcenmanagement benutzt, so zum Beispiel das gemeinsame Lernen mit anderen Schülern.

Im Folgenden soll ein Unterrichtskonzept im Fach Mathematik vorgestellt werden, das ein Versuch darstellen soll den Schülern Strategien des Selbstgesteuerten Lernens anhand eines konkreten Unterrichtsthemas zu vermitteln. Dieses Konzept wurde im Seminar „Selbstgesteuerten Lernen" an der Universität Potsdam entwickelt und den teilnehmenden Studenten präsentiert. Anschließend fand eine kritische Diskussion statt.

5. Unterrichtskonzept zum Selbstgesteuerten Lernen im Fach Mathematik

5.1 Überblick und Rahmenbedingungen der Unterrichtseinheiten

Das hier vorgestellte Unterrichtskonzept zum Selbstgesteuerten Lernen findet seinen Platz in der Klassenstufe 7/8 im Fach Mathematik. Das Thema dieser Unterrichtseinheiten ist der „Umgang mit Körpern". Im Rahmenplan des Landes Brandenburg ist dieses Thema im Themenfeld: Figuren und Körper einzuordnen. Dabei sind laut Rahmenlehrplan folgende Anforderungen zu erfüllen: „Ebene Figuren und einfache Körper werden untersucht und Beziehungen zwischen verschiedenen Objekten und Größen beschrieben. Auf der Grundlage erkannter Zusammenhänge werden Berechnungen und Konstruktionen durchgeführt. Das räumliche Vorstellungsvermögen wird weiterentwickelt. Die Beschäftigung mit geometrischen Objekten auf geistiger Ebene wird durch geeignete Anschauungsmittel unterstützt" (Ministerium für Bildung, Jugend und Sport des Landes Brandenburg 2002, S.37).

Für die Einführung und Erprobung ausgesuchter kognitiver Strategien wurden 8-10 Unterrichtsstunden angesetzt. Diese kognitiven Strategien sind: Memorierstrategien, Elaborationsstrategien und Transformationsstrategien.

Die erste bis dritte Unterrichtsstunde soll dem Thema Flächenberechnung gewidmet werden. Hier sollen Vorraussetzungen für die Berechnung an Körpern wiederholt werden, um die Schüler auf den gleichen Wissenstand zu bringen. In diesen ersten drei Unterrichtsstunden werden Kontrollblätter und Fragebögen ausgefüllt, die dazu dienen, das Vorwissen von Lernstrategien zu ermitteln. Anknüpfend an diesem Vorwissen wird der Lehrer neue Lernstrategien und die Vorteile der Lernstrategien allgemein vorstellen.

In der vierten bis siebten Unterrichtsstunde werden die vorgestellten Lernstrategien, die in Gruppenarbeit anwendbar sind, anhand unterschiedlicher Aufgabenstellungen erprobt. Dabei soll der neue Lernstoff in Gruppenarbeit erarbeitet werden. Anschließend soll ein Fragebogen zur Gruppenarbeit ausgefüllt werden. Anhand einer selbst gewählten Strategie sollen die Schüler zu Hause den neuen Stoff lernen, um zu Beginn der nächsten, sechsten Unterrichtsstunde einen Test schreiben zu können. In dieser sechsten bzw. siebten Unterrichtsstunde werden, neben der Gruppenarbeit zur Vertiefung der Stoffeinheit mittels Arbeitsblätter, auch die Tests und Fragebögen ausgewertet und verglichen. Nachdem die Gruppenarbeit beendet ist, sollen die Schüler wieder einen Fragebogen ausfüllen und als Hausaufgabe sollen die Schüler die gesamte Stoffeinheit mittels einer oder mehreren selbst gewählten Strategien lernen.

Zu Beginn der achten bzw. neunten Unterrichtsstunde wird dann nochmals ein Abschlusstest geschrieben. Am Ende erfolgt ein Erfahrungsaustausch der Schüler bezüglich der kennen gelernten und erprobten Strategien.

5.2 Das Unterrichtskonzept

5.2.1 1. Unterrichtsstunde

Wie bereits oben ansatzweise erwähnt dient die erste Unterrichtsstunde der Wiederholung zur Flächenberechnung von Dreiecken, Vierecken und regelmäßigen n-Ecken und zur Vorbereitung der kommenden Stoffeinheiten, die auf die Flächenberechnung aufbauen. Zuvor sollen aber die Schüler in die kommenden Unterrichtsstunden eingeweiht werden. Es ist dabei wichtig, dass die Schüler die Bedeutung des Selbstgesteuerten Lernens für den Unterricht in der Schule aber auch außerhalb der Schule verstehen. Dabei kann es helfen, Begründungen für die Wahl des Selbstgesteuerten Lernens als Lernform zu geben.

Zum einen vermindert das Selbstgesteuerte Lernen die Abhängigkeit des Lerners vom „Lehrer" (vgl. Deitering 1995, S. 9). Zum anderen erhöhen sich zunehmend die Anforderungen an die Mitarbeiterqualifikationen in den unterschiedlichsten Berufsfeldern. Selbstgesteuertes Lernen wird hierbei „…als offene, die Verantwortung des Einzelnen stärkende und prozessuale Lernform [verstanden]" (Deitering 1995, S. 9). Ein letzter, aus wissenschaftlichen Erkenntnissen genannter Begründungsansatz, ist der, dass „…der Lerner nur selber lernen kann und deshalb er und nicht der „Lehrer als Vermittler von Lerninhalten" im Blickpunkt zu stehen hat" (Deitering 1995, S.10). Schreiber drückt diesen Ansatz auch anders aus: „… der Lerner [ist] nicht mehr als passiver Wissensempfänger angesehen, sondern als aktiver Wissenskonstrukteur" (Schreiber 1998, S.5). Dabei übernimmt der Lehrer die Rolle des Lernbegleiters.

Das Selbstgesteuerte Lernen wird von verschiedenen Strategien bestimmt. Das Ziel für die Schüler ist es, einige dieser Strategien in den nächsten Unterrichtsstunden kennen zu lernen und zu erproben, um später bei Bedarf, nicht nur in der Mathematik darauf zurückgreifen zu können.

Diese erste Unterrichtsstunde könnte im „klassischen" Frontalunterricht, mittels Gruppenarbeit und anschließender Präsentation oder z.B. durch ein Quizspiel durchgeführt werden.

Am Ende dieser Unterrichtsstunde wird das Auswendiglernen des wiederholten Stoffes als Hausaufgabe aufgegeben und zusätzlich sollen die Schüler folgenden Fragebogen ausfüllen und zur nächsten Unterrichtsstunde mitbringen.

Fragebogen 1

Du hast heute in der Schule folgende Aufgabe bekommen:

> „Lerne den heute behandelten Stoff so, dass Du in der nächsten Stunde einen 10-minütigen Test schreiben kannst"

Die nächste Stunde ist am … .

Beantworte bitte die folgenden drei Punkte!

(1) Ich denke:

? „Der Stoff war einfach, da brauche ich nur am Abend vorher noch einmal nachlesen."
? „Ich werde heute alles lernen und falls ich Probleme habe, kann ich morgen noch einmal nachfragen."
? „Ich brauche nicht lernen, dass klappt schon so. Ich bin ja sonst auch gut!"
? „Ich habe keine Zeit zum Lernen!"
? „Ich lerne morgen alles auswendig."
? „Ich lerne heute schon etwas und morgen den Rest."

(Bitte das zutreffende ankreuzen.)

(2) Beschreibe Deinen Arbeitsplatz/ Lernort, wenn Du lernst. Kreuze bitte an, was sich dort befindet und in welchem Zustand.

O Schreibtisch O leer   O voll

O Computer   O an, wenn ja ...

     O zum lernen O nur so

     O aus

O Radio   O an   O aus

O Fernseher   O an   O aus

O Pinnwand   Wozu benutzt Du sie?
....

O Lampe/ Licht   O oben   O links   O rechts

O Stifte

O Bücher (Lexika, Schulbücher, ...)

O Sonstiges   Was?
....

Den letzten Punkt, solltest Du erst nach dem Lernen beantworten!

(3) Erkläre kurz, wie Du beim Lernen vorgegangen bist.

Als kleine Hilfestellung:

Wann? (Zeit)	Wo? (Ort)	Mit wem? (Eltern, Freunde, ...)	Benutzte Dinge? (Computer, Bücher, ...)	Pausen? (Wieviele?)

Dieser Fragebogen soll dem Lehrer sowohl eine Übersicht der schon vorhandenen Vorkenntnisse über das Selbstgesteuerte Lernen geben, als auch dem Schüler der Selbstreflexion dienen. Er kann dem Lehrer zur Beantwortung der Fragen dienen: Wann, wo und wie dieser Schüler am besten lernt? Der Lehrer wertet diesen Fragebogen statistisch aus und präsentiert die Ergebnisse bei einer späteren Schülerdiskussion (2./3. Unterrichtsstunde und 8./9. Unterrichtsstunde). Dort kann dieser Fragebogen als Diskussionsgrundlage dienen, um zum Beispiel mögliche Störquellen beim Lernen zu finden, oder um das Lernverhalten zu optimieren. Hierbei muss man aber darauf achten, dass „… Lernbedingungen individuell unterschiedlich als gut oder schlecht befunden werden. Deshalb kann kaum eine generelle Aussage über die Förderlichkeit eines aufgeräumten Schreibtisches, absoluter Stille oder einer bestimmten Zimmertemperatur gemacht werden" (Zintl 1998, S.33). Der Schüler sollte verstanden haben, dass die Bedürfnisse und Ansprüche an die Rahmenbedingungen stark variieren können und dass jeder seinen individuellen Lernweg finden muss. Diesen Weg zu finden gilt es in den kommenden Unterrichtsstunden zu finden und zu erproben.

5.2.2 2./3. Unterrichtsstunde

Ziel dieser Unterrichtsstunden ist es, die unterschiedlichen Lernstrategien, die bei der Hausaufgabe verwendet wurden, zusammenzutragen und neue Lernstrategien kennen zu lernen. Zu Beginn dieser Unterrichtsstunde wird ein Test geschrieben, der Bezug zur Hausaufgabe nimmt. Dieser Test könnte folgendermaßen aussehen, wobei rot Markiertes die Lösung der jeweiligen Aufgabe darstellt.

Testbogen 1

Thema: Flächenberechnung

1. Welche der aufgeführten Dinge sind ebene Figuren?

    ○ Kreis

    O Würfel

    ○ Quadrat

    ○ Drachenviereck

    ○ gleichseitiges Dreieck

    O Kugel

    ○ Trapez

Zeit: 1 min

2. Schreibe zu folgenden Figuren die Formel für die Flächenberechnung auf und fertige dazu eine **Skizze** an.

    (a) Allgemeines Dreieck

    $A = \left| \dfrac{1}{2} g h \right|$ **SKIZZE**

    (b) Quadrat

    $A = \left| a^2 \right|$ **SKIZZE**

    (c) Parallelogramm

    $A = \left| a h_a \right|$ **SKIZZE**

Zeit: 5 min

3. Fertige zu folgenden ebenen Figuren **Skizzen** an und berechne den Flächeninhalt!

(a) Rechteck mit a = 4 cm und b = 6 cm   **SKIZZE**

A= 24 cm²

(b) Dreieck mit den Seiten a = 4,5 cm, b = 5,2 cm, c = 3,0 cm und h_c = 4,4 cm

SKIZZE

A = 6,6 cm²

(c) Parallelogramm mit a = 6,6 cm und b = 3,3 cm und h_b = 6,1 cm

SKIZZE

A = 20,13 cm²

(d) gleichseitiges Dreieck mit der Seitenlänge a = 4,8 cm

SKIZZE

A = 9,98 cm²

Während die Schüler den Test schreiben, wertet der Lehrer die Fragebögen, die die Schüler zu Hause ausfüllen sollten, aus. Dies kann natürlich, auf Grund der geringen Zeit die dem Lehrer während des Tests zur Verfügung steht, nur oberflächlich erfolgen. Die verwendeten Lernstrategien stehen dabei im Vordergrund und sollen als Diskussionsgrundlage nach dem Test dienen. Die Auswertung des Testes sollte von Mitschülern durchgeführt werden, denn es soll in diesem Test nur überprüft werden, welchen Erfolg die Schüler mit ihrer herkömmlichen Lernmethode hatten. Die Schüler erhalten ihre Testergebnisse zurück und füllen anschließend folgenden Fragebogen 2 aus. Frage 1 ermittelt hierbei Selbstgesteuerte Strategien im Sinne von Memorier-, Elaborations- und Transformationsstrategien.

Fragebogen 2

Wie hast DU gelernt?

(1) Mit welcher der folgenden Methoden hast Du gelernt?

    (a) Ich habe immer wieder alles durchgelesen, bis ich es auswendig konnte.
    (b) Ich habe mir Skizzen gemacht und an diesen die Formeln verdeutlicht.
    (c) Ich habe mich von .... abfragen lassen, nachdem ich meinte alles zu können.
    (d) Ich habe mit Karteikarten gelernt.
    (e) Sonstiges ....

(2) Wo hast Du gelernt?

    (a) Ich habe in meinem Zimmer gelernt.
    (b) Ich habe im Wohnzimmer gelernt.
    (c) Ich habe im Schulbus/ U-Bahn/ ... gelernt.
    (d) Sonstiges ....

(3) Wie war Dein Arbeitsumfeld?

    (a) Die Musik lief im Hintergrund.
    (b) Der Fernseher war an.
    (c) Meine Geschwister haben umhergetobt.
    (d) Es war ruhig.
    (e) Sonstiges
    ....

(4) Wann hast Du gelernt?

    (a) Ich habe gleich nach der Schule gelernt.
    (b) Ich habe vor dem Schlafengehen gelernt.
    (c) Ich habe nach dem Spielen/ Sport/ Abendbrot... gelernt.
    (d) Ich habe vor dem Spielen/ Sport/ Abendbrot ... gelernt.
    (e) Ich habe auf dem Schulweg gelernt.
    (f) Ich habe kurz vor der Stunde gelernt.
    (g) Ich habe gar nicht gelernt.

(5) Wie hast Du Deine Zeit eingeteilt? (Mehrere Antworten möglich)

    (a) Ich habe regelmäßig Pausen gemacht.
    (b) Ich habe alles auf einmal gelernt.
    (c) Ich habe den Stoff auf ... Tage verteilt.
    (d) Ich habe mir vorher einen Plan gemacht, da ich noch weitere Hausaufgaben hatte.

Der folgende Teil der Unterrichtseinheit kann in einem Stuhlkreis durchgeführt werden. Als Diskussionsgrundlage dienen jetzt die ausgefüllten und eventuell ausgewerteten Fragebögen 1 und 2. Unterschiedliche Lernstrategien, die bei der Hausaufgabe angewendet wurden, werden durch den Lehrer oder mit den Schülern gemeinsam zusammengetragen und veranschaulicht (z.B.: Tafel, Projektor...). In der Diskussion werden Erfahrungen beim Lernen ausgetauscht und die dabei von den Schülern verwendeten Strategien sollen durch den Schüler begründet werden.

Ergänzend dazu stellt der Lehrer weitere Lernstrategien vor.

Bereits in Frage 1a im Fragebogen 2 wird auf Memorierstrategien hingewiesen und auf die Durchführung hingewiesen. Das wiederholte laute Vorlesen oder das Auswendiglernen von Schlüsselbegriffen, die mit wichtigen Inhalten verbunden sind, dienen dazu Gelerntes im Arbeitsspeicher zu halten und es hilft dabei die Informationen in das Langzeitgedächtnis zu übernehmen (vgl. Baumert, Köller 1996, S. 139). Schiefele und Pekrum sind zu der Erkenntnis gekommen, dass das Auswendiglernen von Formeln als Wiederholungsstrategie „... insbesondere in der Selektions- und Erwerbsphase von Bedeutung [ist]" (Schiefele, Pekrum 1996, S. 261). Das heißt konkret für die Schüler, dass sie die Wiederholungsstrategien bevorzugt bei Aneignung neuer Informationen anwenden sollten um sie im Arbeitsspeicher so lange wie möglich zu halten. Friedrich und Mandl betonen sogar, dass mit „... zunehmenden Einsatz von Wiederholungsstrategien sich auch die Gedächtnisleistung verbessert" (Friedrich, Mandl 1992, S. 12).

Es kann durchaus vorkommen, dass in dem Stuhlkreis ein Schüler bereits bewusst oder unbewusst eine Elaborationsstrategie vorstellt. So wendet zum Beispiel ein Schüler eine Elaborationsstrategie an, der sich Beispiele und Analogien zu einem zu lernenden Sachverhalt ausdenkt, oder sogar derjenige, der den zu lernenden Sachverhalt mit seinen eigenen Worten umschreibt. Hierbei handelt es sich um „... die Assimilation bedeutungshaltigen Materials an eine bestehende kognitive Struktur... Dabei werden sowohl sachlich thematische Bezüge innerhalb des neu zu erwerbenden Stoffes als auch Bezüge zwischen diesem und dem bereits gespeicherten Wissen hergestellt" (Friedrich, Mandl 1992, S.12). Weitere Beispiele für Elaborationsstrategien sind Mnemotechniken, wie die Methode der Orte, die Schlüsselwortmethode oder die Aufhänger Methode, die hauptsächlich dem Einprägen und Behalten dienen und bei dem es relativ wenig zu verstehen gibt. Die eben aufgeführten Beispiele findet man ausführlicher beschrieben u. a. bei Elke van der Meer (van der Meer 1996, S. 225).

Schiefele und Pekrum sind der Meinung, dass sich „Elaborationsstrategien besonders auf den Integrations- und teilweise auch auf den Konstruktionsprozess auswirken." (Schiefele, Pekrum 1996, S.261).

Um eine größere Menge von Detailinformationen zu größeren Sinneinheiten zusammenzufassen und zu gruppieren, werden Transformationsstrategien benötigt. Ein Beispiel für eine Transformationsstrategie ist die Darstellung von Zusammenhängen in einem Map oder das Anfertigen eines Diagramms. Dabei werden wichtige Informationen selektiert, der Lernstoff strukturiert und es werden Verbindungen zwischen den verschiedenen Teilen des Lernstoffs hergestellt.

Hierzu könnte man den Schülern das Mindmap-System vorstellen oder auch das Karteikartensystem vorstellen.

Um den Schüler die Auswahl einer Strategie zu erleichtern ist es sinnvoll mit den Schülern folgende Tabelle zu erarbeiten, wobei konkrete Beispiele für Memorier-, Elaborations- und Transformationsstrategie aufgelistet werden. Jeder Schüler besitzt dann am Ende des Stuhlkreises solch eine Tabelle. Später kann der Schüler auf diese Tabelle zurückgreifen und die für ihn passende Strategie auswählen und anwenden.

Strategien	Wann kann ich diese Strategie anwenden?	Wie gehe ich vor?	Vorteile + Nachteile -
...			

Als Abschluss dieser Unterrichtsstunde erhalten die Schüler als Hausaufgabe, vorbereitend für die 4.-7. Stunde, Körpermodelle aus dem täglichen Gebrauch zu suchen und mitzubringen (z.B. verschiedene Tetrapacks, natürlich ausgewaschen!).

5.2.3 4./5. Unterrichtsstunde

Nachdem nun die Schüler die Vorraussetzungen für die Berechnungen an Körpern wiederholt und gefestigt haben, wird das Thema Körper die nächsten Unterrichtsstunden bestimmen.

Die Schüler sollten als Hausaufgabe verschiedene Körpermodelle aus dem täglichen Gebrauch mitbringen, die man leicht zerlegen kann und sauber sind. Die Schüler zerlegen die mitgebrachten Modelle in ihre Netze. So soll anhand dieser Körpermodelle und durch materielle Ergänzungen vom Lehrer eine Klassifikation nach Würfel und Quader, Prisma und Zylinder und Kugeln erfolgen.

Nachdem die Klassifikation durchgeführt ist, folgt eine Gruppenarbeit. Die Klasse wird in drei Gruppen aufgeteilt und jede Gruppe erprobt eine der kennen gelernten Strategien aus der letzten Unterrichtsstunde. Zum Beispiel kann die erste Gruppe die Merkmale eines Körpers aus einer Formelsammlung zusammentragen und durch Auswendiglernen eine der Memorierstrategien anwenden.

Die zweite Gruppe wendet eine der Transformationsstrategien an, indem sie Karteikarten anfertigt und nach dem in der vorangegangenen Stoffeinheit vorgestellten Karteikartensystem lernt.

Die dritte Gruppe wendet eine der Elaborationsstrategien an, indem sie die mitgebrachten Körpermodelle in ihre Netze zerlegt und anhand dieser Zerlegung Flächen und Eigenschaften erkennen, die sie in der ersten Unterrichtseinheit wiederholt haben. Die daraus resultierenden Merkmale für die Körper und die Berechnung an den jeweiligen Körpern erarbeiten sich die Schüler selbständig.

Sollte es vorkommen, dass eine Gruppe schneller fertig wird als geplant, kann diese Gruppe eine andere Strategie an einen anderen Körper erproben.

Zum Abschluss dieser beiden Unterrichtsstunden sollen die Schüler einen weiteren Fragebogen ausfüllen, der sowohl dem Lehrer als Feedback dienen soll, als auch dem Schüler noch einmal die Vor- bzw. Nachteile der angewendeten Strategie in Erinnerung bringen soll. Zusätzlich sollen die Schüler als Hausaufgabe den neuen Stoff anhand einer von ihnen selbst gewählten Strategie lernen, um in der nächsten Unterrichtseinheit einen Test schreiben zu können.

Fragebogen 3

Strategieanwendung

Du hast in dieser Stunde das erste Mal mit den neuen Strategien gearbeitet, d.h. sie selbst erarbeitet und eventuell schon erprobt.

Welche Strategie hast Du verwendet/ erprobt?

- (a) Auswendig lernen
- (b) Karteikarten erstellen
- (c) Herleitung durch Zerlegung

Glaubst Du, dass Du mit dieser Strategie lernen wirst?

- (a) ja
- (b) nein

Warum ja/ nein?
....
....

Wenn nein, welche Strategie wirst Du dann anwenden?

- (a) Auswendig lernen
- (b) Karteikarten erstellen

(c) Herleitung durch Zerlegung

Warum?

....
....

Hast Du bereits in der Gruppenarbeit Teile dessen behalten, was Du zur nächsten
Stunde lernen sollst?

    (a) ja
    (b) nein

5.2.4 6. / 7. Unterrichtsstunde

Zu Beginn dieser Unterrichtseinheit wird ein Test zu Netzen von Körpern
geschrieben, wobei u. a. Körper anhand ihrer Netze erkannt werden sollen.

Der Test könnte folgendermaßen aussehen:

Testbogen 2

Erkennen von Körpern anhand von Netzen

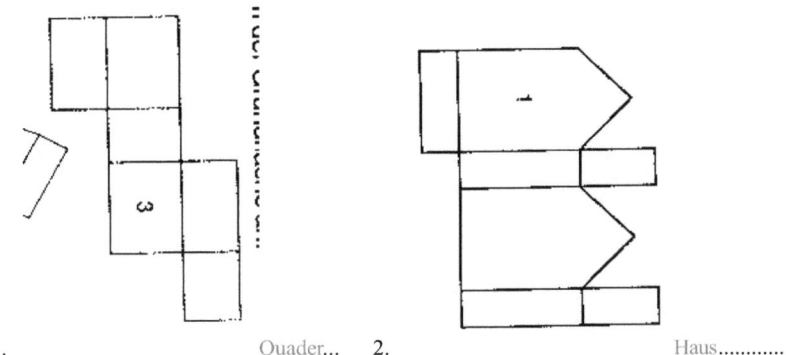

1.   Quader...   2.   Haus............

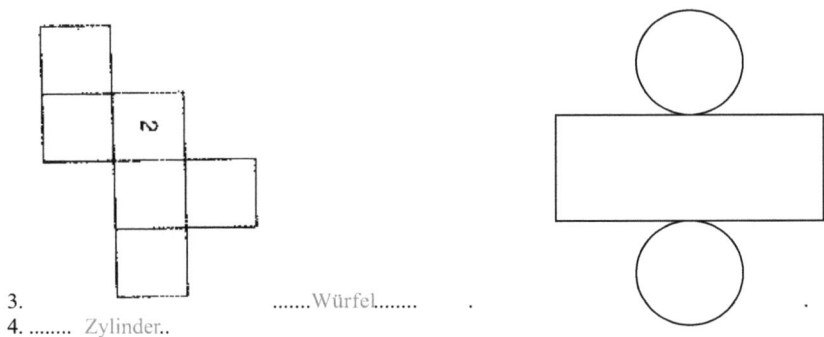

3.   ....Würfel.......

4. .... Zylinder..

Welche Körper kennst Du noch? Nenne mindestens vier.

1. (Kreis) Kegel
2. Prisma
3. Tetraeder
4. Kugel

.....Pyramide...............

.....diverse Stümpfe.....

Um den gelernten Stoff zu vertiefen, könnte im Folgenden eine Gruppenarbeit stattfinden, indem Arbeitsblätter bearbeitet werden müssen. Die Klasse wird in fünf Gruppen aufgeteilt und nach einer gewissen Bearbeitungszeit der Aufgaben werden fünf neue Gruppen gebildet und zwar so, dass sich in jeder neuen Gruppe jeweils ein Gruppenmitglied aus der alten Gruppe befindet. Die folgende Grafik veranschaulicht diesen Wechsel:

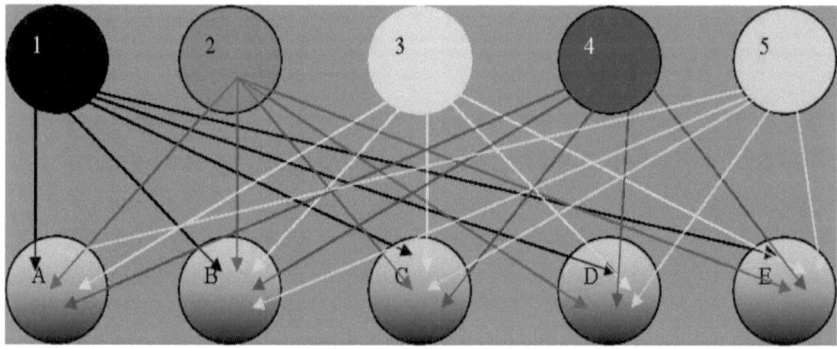

Nachdem der Wechsel vollzogen wurde erklärt jedes Mitglied einer Gruppe den anderen Gruppenmitgliedern seine eben bearbeitete Aufgabe. Dabei wenden sie unbewusst eine Elaborationsstrategie an, da sie die Aufgaben und den Lösungsweg in eigenen Worten umschreiben müssen. Der Lehrer nimmt eine helfende Rolle ein, indem er bei auftretenden Fragen, die der Vortragende in den Gruppen nicht beantworten kann, oder bei sonstigen Schwierigkeiten, hilft.

Folgende Arbeitsblätter könnte man für die die Gruppenarbeit verwenden.

Arbeitsblatt Gruppe 1

- Das Haus von Familie Wiedenmann soll einen neuen Anstrich bekommen. Dazu muss Farbe im Baumarkt besorgt werden. Der Verkäufer fragt, für wie viele Quadratmeter Herr Wiedenmann Farbe benötigt. Für Fenster und Türen können 10 m² abgezogen werden.

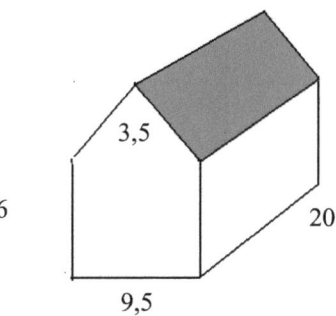

Arbeitsblatt Gruppe 2:

- Klein Erna wünscht sich zum Geburtstag ein Aquarium. Der Vater überlegt sich dazu, wie er den Glaskasten selbst bauen kann. Es soll folgende Maße haben:

    - Länge 60 cm
    - Breite 30 cm
    - Höhe 40 cm

- Wie viele Glasscheiben müssen zugeschnitten werden? Reicht eine Glasscheibe der Größe 1 m²?

Arbeitsblatt Gruppe 3:

- Aus 90 cm Draht soll ein Kantenmodell eines Quaders hergestellt werden. Er hat die Maße:
  - Länge 13 cm
  - Breite 7 cm
- Wie hoch kann das Modell theoretisch werden?

- Wie lang werden die Kanten, wenn aus dem Draht das Modell eines Würfels gebaut werden soll?

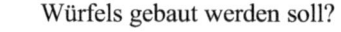

Arbeitsblatt Gruppe 4:

- Zeichne die Netze der abgebildeten Körper und berechne deren Oberflächeninhalt.

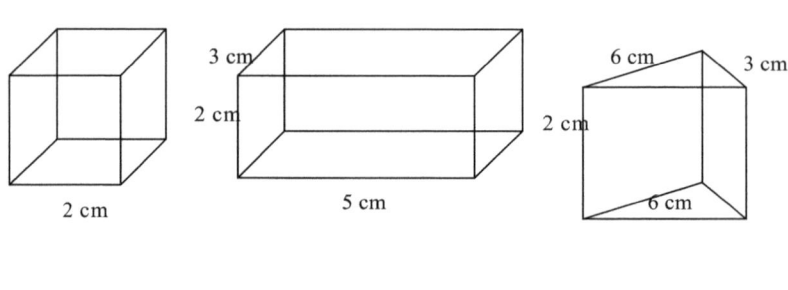

3 cm
2 cm
2 cm
5 cm
6 cm
3 cm
2 cm
6 cm

Arbeitsblatt Gruppe 5:

- In ein Schwimmbecken soll Wasser eingelassen werden. Berechne wieviel m³ Wasser hierfür benötigt werden.

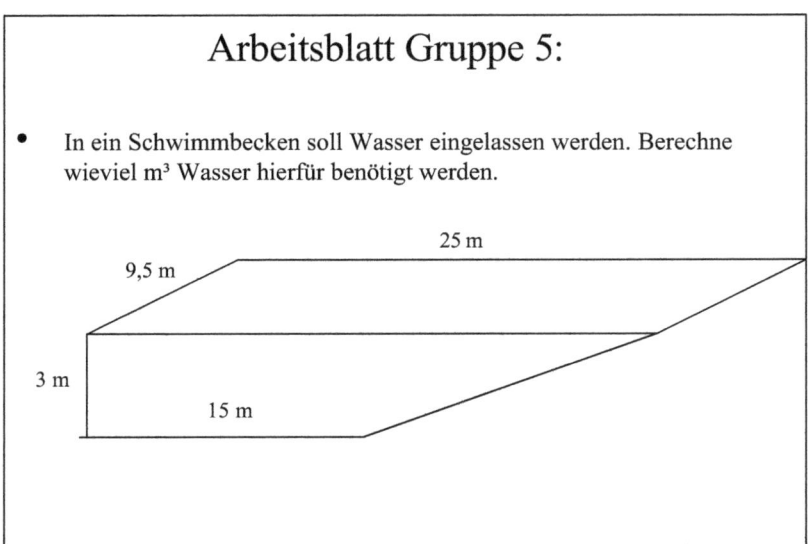

Abschließend soll noch einmal ein Fragebogen zur Gruppenarbeit ausgefüllt werden, der Bestandteil beim Erfahrungsaustausch in der folgenden Unterrichtsstunde sein wird.

5.2.5 8./9. Unterrichtsstunde

Zum Abschluss der Unterrichtsstunden soll ein Test zum Stoffabschnitt geschrieben werden. Es ist wichtig für die Schüler einen Erfahrungsaustausch vorzunehmen, denn hier haben sie die Möglichkeit ihre persönlichen Erfahrungen beim Umgang mit den verschiedenen Strategien zu verbalisieren, Kritik zu äußern und Verbesserungsvorschläge vorzubringen. Als Grundlage dafür können wieder die ausgewerteten Fragebögen dienen. Zu guter letzt sollte der Lehrer den Schülern nahe bringen, dass sie die angewandten Strategien nicht nur im Mathematikunterricht anwenden können, sondern auch in anderen Fächern.

6. Fazit

Bei der Vorstellung des Unterrichtskonzeptes im Seminar, waren sich die Teilnehmer einig, dass dieses Konzept durchführbar sei. Natürlich sind einige Fragen offen geblieben. Wie in jedem Unterrichtskonzept stellt man sich zum Beispiel Fragen bezüglich der Zeit oder des Arbeitsaufwandes für den Lehrer. Um diese Fragen zu beantworten, müsste man dieses Konzept in der Schule erproben. Es werden aber sicherlich von Klasse zu Klasse unterschiedliche Probleme auftauchen, die es gilt flexibel im Konzept zu behandeln. So könnte es vorkommen, dass die Schüler so leistungsstark sind, dass sie keine Unterrichtsstunde benötigen, um Vorraussetzungen zu wiederholen. In diesem Fall könnte man den Schülern lediglich die Hausaufgabe aus der ersten Unterrichtseinheit aufgeben und den Fragebogen ausfüllen lassen. Für den Lehrer ist es sicherlich ein erhöhter Arbeitsaufwand die Frage- und die Testbögen auszuwerten und grafisch zu veranschaulichen. Trotzdem ist es kein höherer Aufwand, als zum Beispiel Klassenarbeiten, oder tägliche Übungen zu kontrollieren. Ich bin der Meinung, dass sich dieser Arbeitsaufwand für die Zukunft vorteilhaft auswirken wird, da die Schüler zunehmend selbsttätiger lernen werden.

Für uns war es bei der Entwicklung des Unterrichtskonzeptes wichtig, den laufenden Unterrichtsstoff mit der Vermittlung der oben genannten Lernstrategien zu verbinden. Vor allem aber sollte den Schülern bei diesem Erfahrungsaustausch nahe gelegt werden, dass sie diese kennen gelernten Strategien nicht nur im Fach Mathematik anwenden können und dass es, wie oben schon erwähnt, empirisch nachgewiesen ist, dass die regelmäßige Anwendung der Strategien des Selbstgesteuerten Lernens ihren Lernerfolg steigern kann. Ich bin der Meinung, dass uns dies gelungen ist und dieses Konzept eventuell eine Vorlage für eine Durchführung darstellt.

7. Literaturverzeichnis

BALLSTAEDT, S.-P.; H. MANDL; W. SCHNOTZ & S.-O. TERGAN:　　Texte verstehen, Texte gestalten. München, 1981.

BAUMERT, J.:　Lernstrategien,　motivationale　Orientierung　und Selbstwirksamkeitsüberzeugungen im Kontext schulischen Lernens.　In: Unterrichtswissenschaft 1993 , 21 S. 327-350.

BAUMERT, J.; HEYN, S. & KÖLLER, O.: Das Kieler Lernstrategien-Inventar (KSI). Kiel, 1992.

BAUMERT, J.; KÖLLER O.: Lernstrategien und schulische Leistung. In: Möller, J.; Köller O.: Emotionen, Kognitionen und Schulleistung. Weinheim 1996.

BROWN, A.; BRANSFORD, J.; FERRARA, R. & CAMPIONE, J.: Learning, remembering, and understanding. In: Mussen, P.H.:　　Handbook　of　child psychology, Vol. 3: Cognitive Development. New　　York, 1983.

DEITERING, FRANZ G.: Selbstgesteuertes Lernen, Verlag für angewandte Psychologie Göttingen 1995.

FRIEDRICH, HELMUT F.; MANDL, HEINZ: Lern- und Denkstrategien. Analyse und Intervention. Göttingen, 1992.

FRIEDRICH, HELMUT F.; MANDL, HEINZ: Analyse und Förderung selbstgesteuerten Lernens. In: In: Franz E. Weinert u.a. (Hg): Enzyklopädie der Psychologie. Band 4: Psychologie der Erwachsenenbildung. Göttingen, 1997.

HÄCKER, H.: Dorsch Psychologisches Wörterbuch. Bern, 1998.

KEMPER, MARITA / KLEIN, ROSEMARIE: Lernberatung, Gestaltung　von Lernprozessen in der beruflichen Weiterbildung. Hohengehren　　　1998.

KNOWLES, M.: Self – directed learning. A guide for learners and teachers　(4th ed.). Englewood Cliffs. 1980.

MINISTERIUM FÜR BILDUNG, JUGEND UND SPORT DES LANDES BRANDENBURG: Rahmenlehrplan Mathematik für die Sekundarstufe I im Land Brandenburg. Berlin, 2002.

NEBER, H.: Selbstgesteuertes Lernen (lern- und handlungspsychologische Aspekte). In: Neber, H. et al. (Hrsg.): Selbstgesteuertes Lernen. Weinheim, Basel: Beltz.

SCHIEFELE, ULRICH/ PEKRUN, REINHARD: Psychologische Modelle des fremdgesteuerten und selbstgesteuerten Lernens. In: Franz E.   Weinert u.a. (Hg): Enzyklopädie der Psychologie. Band 2:   Psychologie des Lernens und der Instruktion. Göttingen u.a. 1996, S.   249-278

SCHREIBER, BEATE: Selbstreguliertes Lernen: Entwicklung und   Evaluation von Trainingsansätzen für Berufstätige. Münster, 1998.

VAN DER MEER, ELKE: Gesetzmäßigkeiten und Steuerungsmöglichkeiten des Wissenserwerbs. In: Franz E. Weinert u.a. (Hg): Enzyklopädie der Psychologie. Band 2: Psychologie des Lernens und der Instruktion. Göttingen u.a. 1996, S. 229-248.

WEINERT, FRANZ E.: Selbstgesteuertes Lernen als Voraussetzung, Methode und Ziel des Unterrichts. In: Unterrichtswissenschaft 1982,   2 S.99-110

ZIMMERMAN, B.J.; MARTINEZ-PONS M.: Student differences in self – regulated learning: Relating grade, sex, and giftedness to self-efficacy and strategy use. In: Journal of Educational Psychology, 82, 1990, S.   51-59.

ZINTL, VIOLA: Lernen mit System. München 1998.